INVENTAIRE
V 12973

V

©

12973

ÉTUDE

SUR LES SIGNAUX

DE

CHEMINS DE FER A DOUBLE VOIE

PAR

M. ÉDOUARD BRAME

INGÉNIEUR DES PONTS ET CHAUSSÉES.

ATLAS

PARIS

DUNOD, ÉDITEUR,

Précédemment Carilian-Gœury et Vve Dalmont,

LIBRAIRE DES CORPS IMPÉRIAUX DES PONTS ET CHAUSSÉES ET DES MINES,

QUAI DES AUGUSTINS N° 49.

1867

(Tous droits de traduction et de reproduction réservés.)

TABLE DES PLANCHES.

Paris. — Imprimé par E. Thunot et Cie, rue Racine, 26.

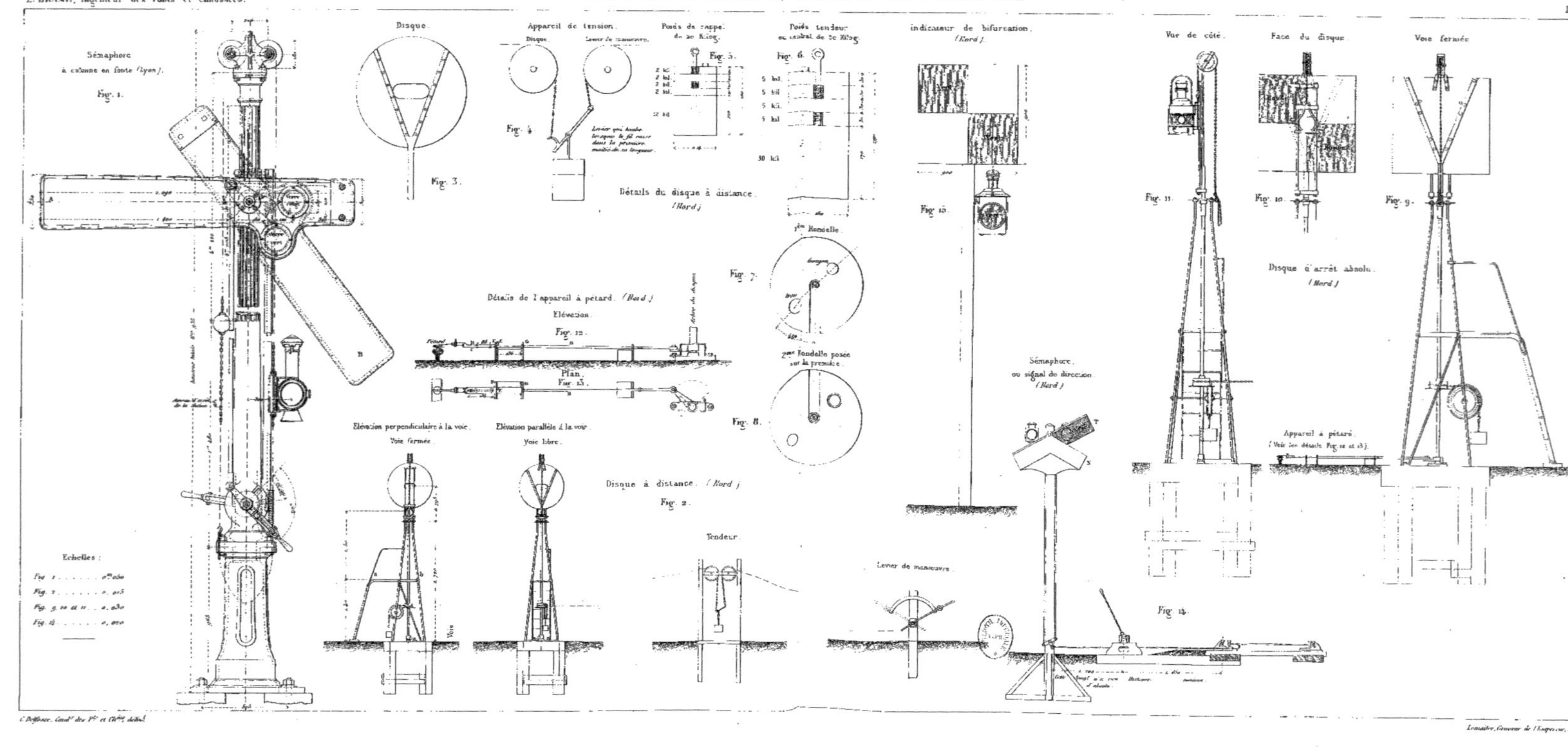

E. BRAME, Ingénieur des Ponts et Chaussées.
ÉTUDE SUR LES SIGNAUX DE CHEMINS DE FER À DOUBLE VOIE.
Pl. I.
Sémaphore
à colonne en fonte (Lyon).
Fig. 1.
Echelles :
Disque.
Fig. 3.
Appareil de tension.
Disque.
Levier de manœuvre.
Fig. 4.
Poids de rappel
de 20 Kilog.
Fig. 5.
Poids tendeur
ou central de 10 Kilog.
Fig. 6.
Détails du disque à distance.
(Nord)
Indicateur de bifurcation.
(Nord)
Fig. 15.
Vue de côté.
Face du disque.
Voie fermée.
Fig. 11.
Fig. 10.
Fig. 9.
Disque d'arrêt absolu.
(Nord)
1re Rondelle.
Fig. 7.
2me Rondelle posée
sur la première.
Fig. 8.
Détails de l'appareil à pétard. (Nord)
Elévation.
Fig. 12.
Plan.
Fig. 13.
Elévation perpendiculaire à la voie.
Voie fermée.
Elévation parallèle à la voie.
Voie libre.
Disque à distance. (Nord)
Fig. 2.
Tendeur.
Levier de manœuvre.
Sémaphore,
ou signal de direction.
(Nord)
Appareil à pétard.
Fig. 14.
Voie

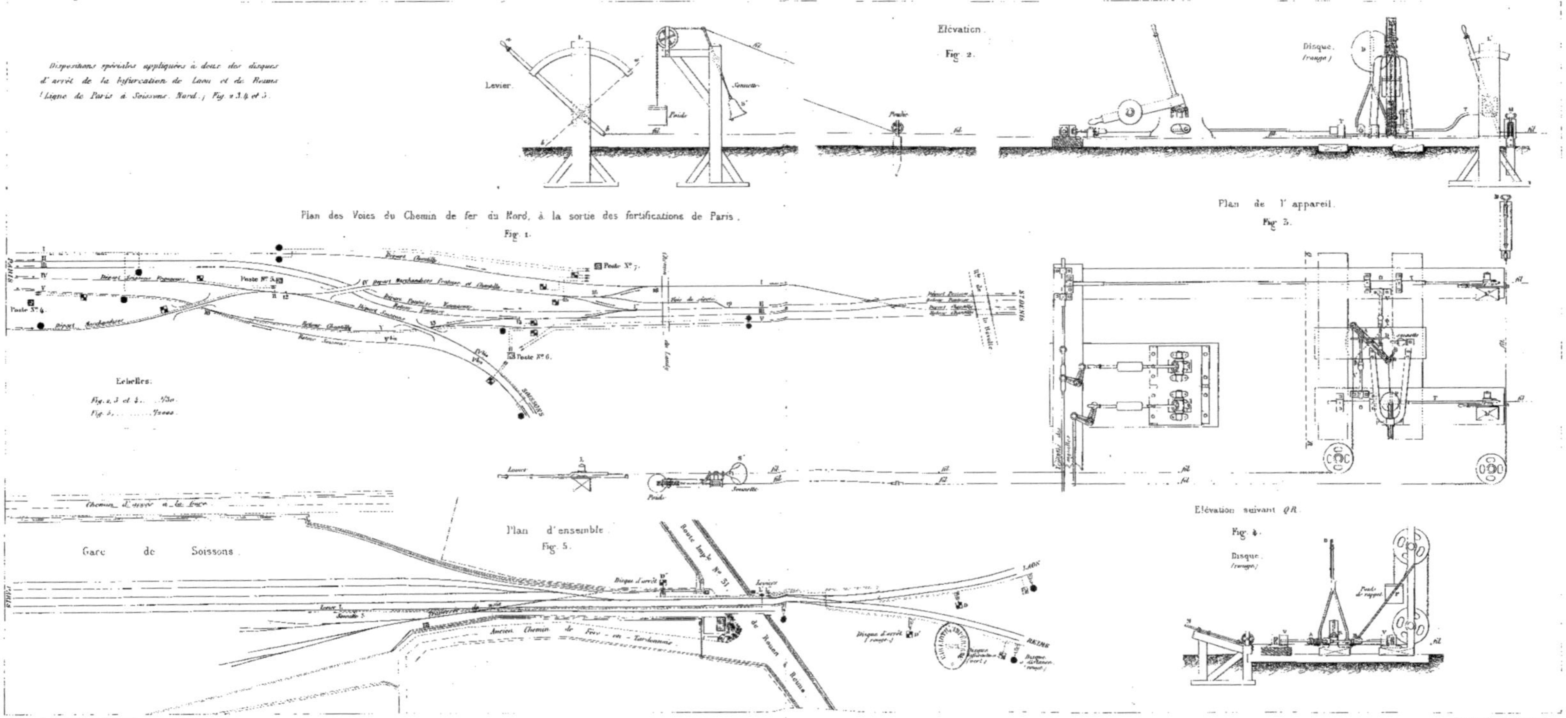

Dispositions spéciales appliquées à deux des disques d'arrêt de la bifurcation de Laon et de Reims (Ligne de Paris à Soissons, Nord.) Fig. 2, 3, 4 et 5.

Élévation.
Fig. 2.

Levier. Poids. Sonnette. Poulie. Disque (rouge).

Plan des Voies du Chemin de fer du Nord, à la sortie des fortifications de Paris.
Fig. 1.

Paris. Poste N° 4. Poste N° 5. Poste N° 6. Poste N° 7. Soissons. St Denis.

Echelles:
Fig. 2, 3 et 4 ... 1/30
Fig. 5 ... 1/2000

Plan de l'appareil.
Fig. 3.

Élévation suivant QR.
Fig. 4.
Disque (rouge). Poids de rappel.

Plan d'ensemble.
Fig. 5.

Gare de Soissons. Chemin d'accès à la Gare. Route Imple N° 31 de Rouen à Reims. Ancien Chemin de Fer en Tardenois. Disque d'arrêt. Leviers. Laon. Reims.

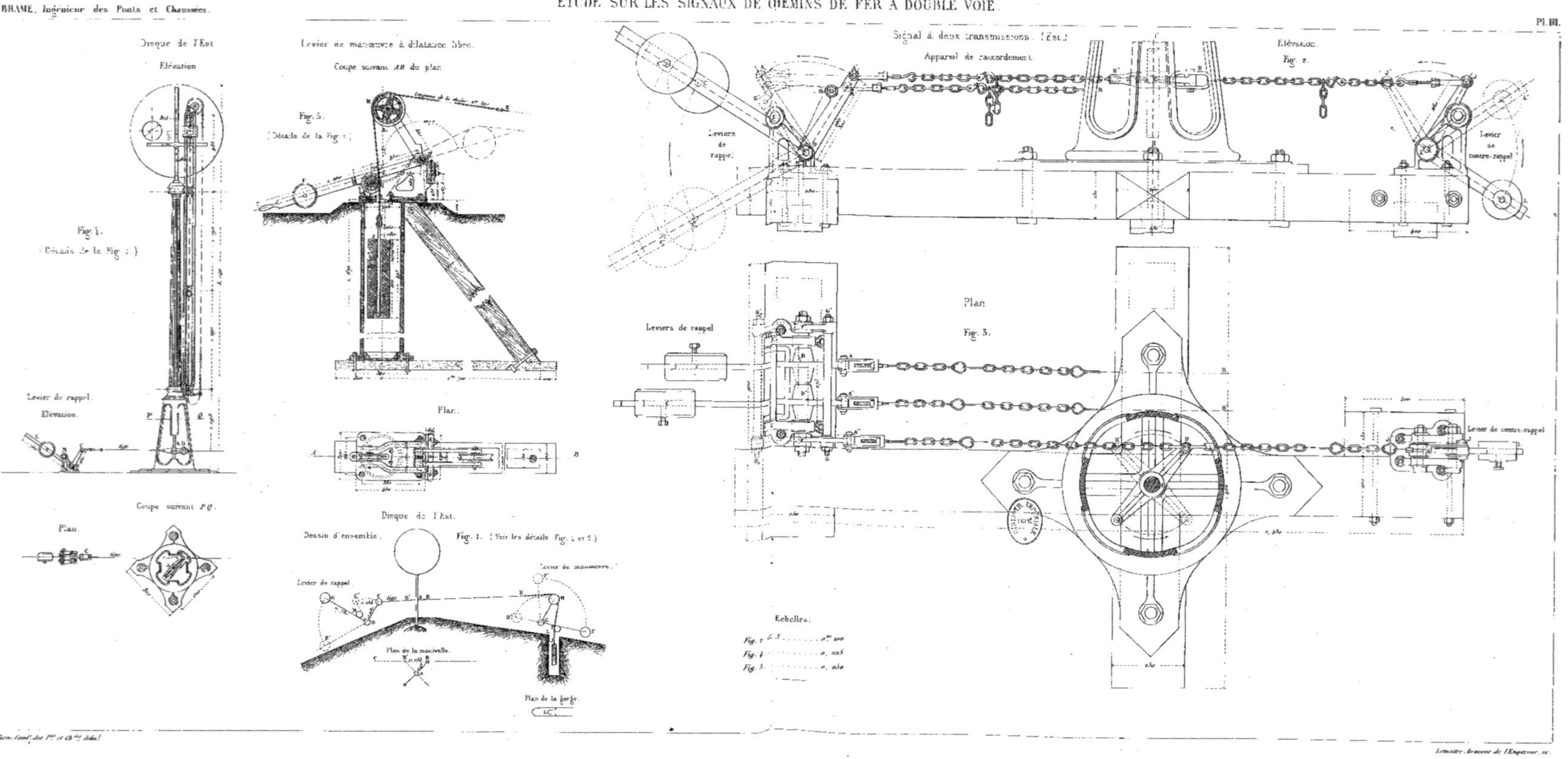
E. BRAME, Ingénieur des Ponts et Chaussées.
ÉTUDE SUR LES SIGNAUX DE CHEMINS DE FER À DOUBLE VOIE.
Pl. III.
Disque de l'Est
Élévation
Fig. 4.
(Détails de la Fig. 1.)
Levier de rappel.
Élévation.
Coupe suivant PQ.
Plan.
Levier de manœuvre à dilatation libre.
Coupe suivant AB du plan
Fig. 5.
(Détails de la Fig. 1.)
Plan.
Disque de l'Est.
Dessin d'ensemble.
Fig. 1. (Voir les détails Fig. 4 et 5.)
Levier de rappel.
Levier de manœuvre.
Plan de la manivelle.
Plan de la gorge.
Signal à deux transmissions. (Est.)
Appareil de raccordement.
Élévation.
Fig. 2.
Leviers de rappel
Levier de contre-rappel
Plan
Fig. 3.
Leviers de rappel
Levier de contre-rappel
Échelles:
Fig. 2 & 3 .... 0m. 100
Fig. 4 .... 0. 025
Fig. 5 .... 0. 050
C. Belleau, Condr. des Pts et Chées delin.
Lemaitre, Graveur de l'Empereur, sc.

E. BRAME, Ingénieur des Ponts et Chaussées.

ÉTUDE SUR LES SIGNAUX DE CHEMINS DE FER À DOUBLE VOIE.

Pl. IV.

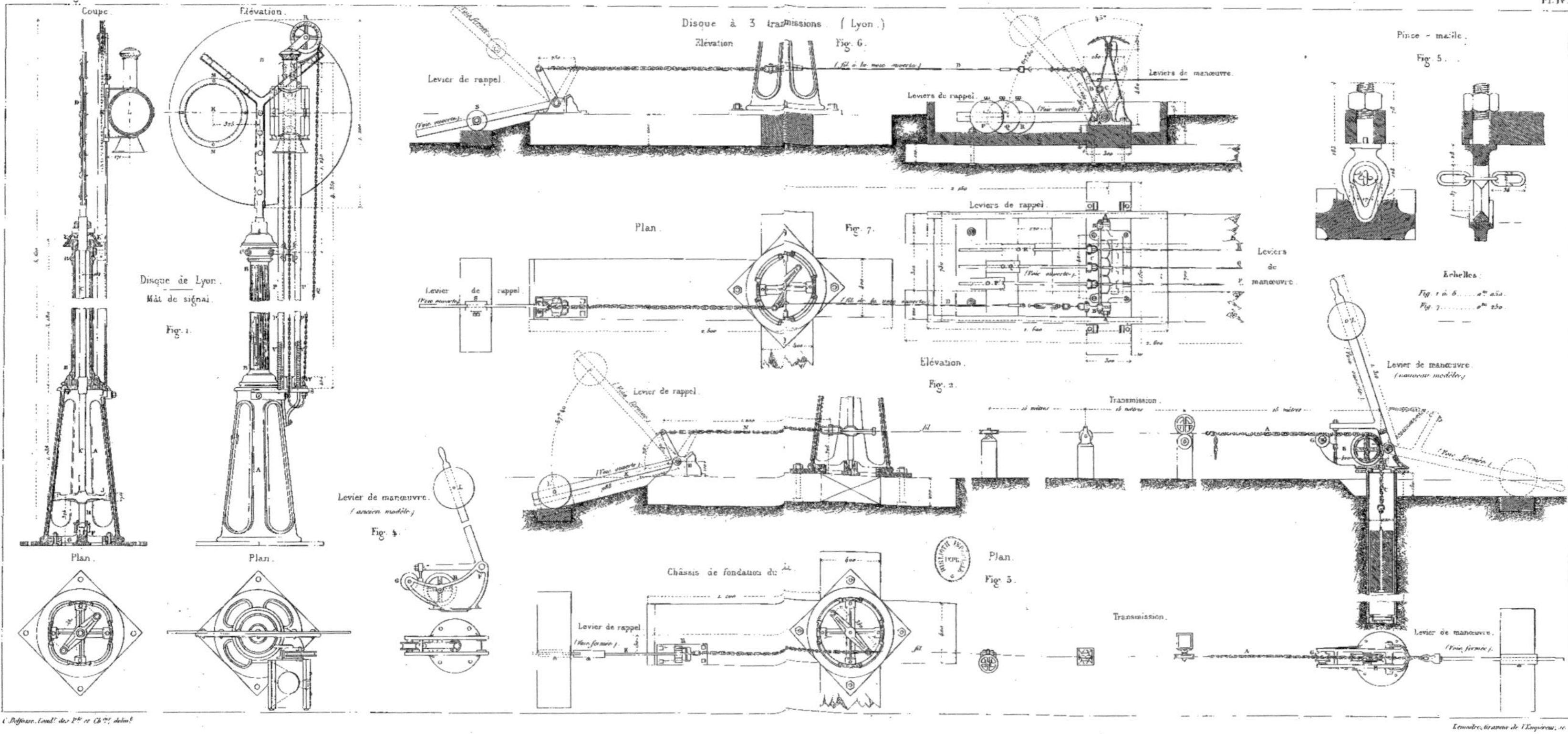

C. Dessoye, Cond. des Ponts et Ch., delin.

Lemaître, Graveur de l'Empereur, sc.

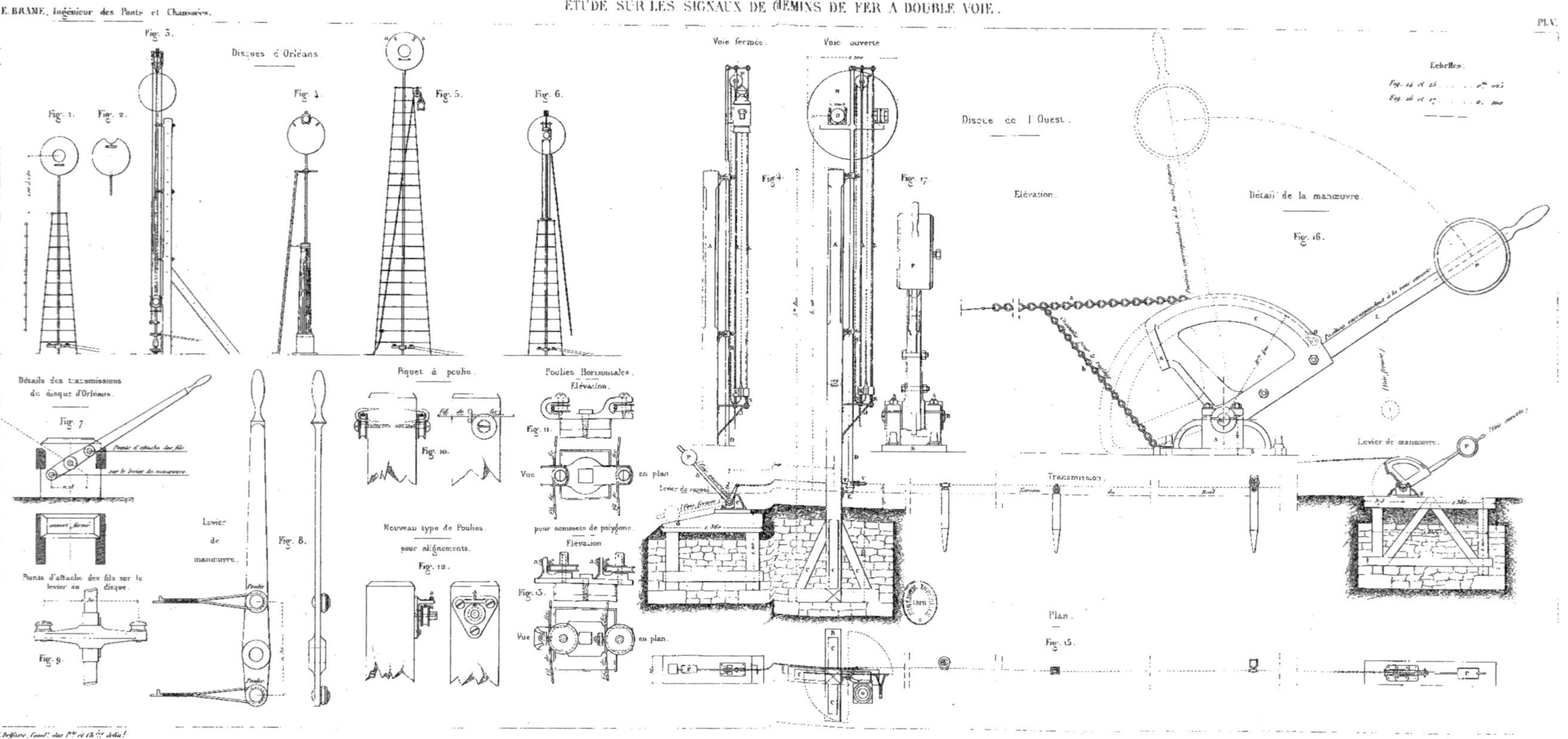
E. BRAME, Ingénieur des Ponts et Chaussées.
ÉTUDE SUR LES SIGNAUX DE CHEMINS DE FER À DOUBLE VOIE.
Pl. V.
Disques d'Orléans.
Fig. 1.
Fig. 2.
Fig. 3.
Fig. 4.
Fig. 5.
Fig. 6.
Détails des transmissions du disque d'Orléans.
Fig. 7.
Points d'attache des fils sur le levier de manœuvre
ouvert fermé
Points d'attache des fils sur le levier au disque.
Fig. 9.
Levier de manœuvre.
Fig. 8.
Poulie
Piquet à poulie.
Fig. 10.
Nouveau type de Poulies pour alignements.
Fig. 12.
Poulies Horizontales.
Élévation.
Fig. 11.
Vue en plan.
pour sommets de polygone.
Élévation.
Fig. 13.
Vue en plan.
Voie fermée.
Voie ouverte.
Fig. 14.
Fig. 17.
Levier de rappel.
Disque de l'Ouest.
Élévation.
Détail de la manœuvre.
Fig. 16.
Échelles:
Levier de manœuvre.
Transmission.
Plan.
Fig. 15.
(Voie fermée)
(Voie ouverte)
C. Delfosse, Cond. des Pts et Ch.ées delin.
Lemaitre, Graveur de l'Empereur sc.

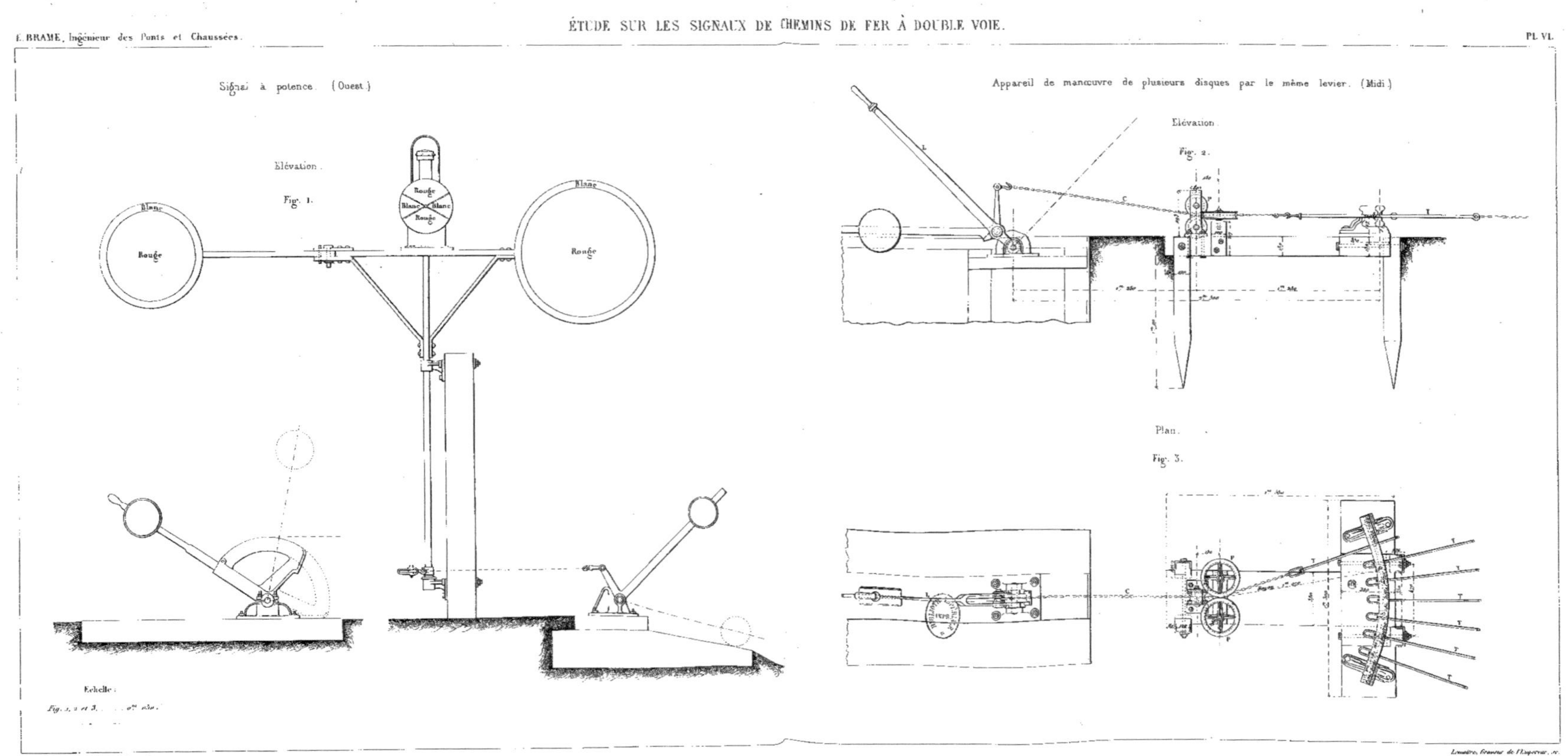
E. BRAME, Ingénieur des Ponts et Chaussées.
ÉTUDE SUR LES SIGNAUX DE CHEMINS DE FER À DOUBLE VOIE.
Pl. VI.
Signal à potence. (Ouest.)
Élévation.
Fig. 1.
Blanc
Rouge
Blanc
Rouge
Appareil de manœuvre de plusieurs disques par le même levier. (Midi.)
Élévation.
Fig. 2.
Plan.
Fig. 3.
Echelle :
C. Bolfrasc, Cond.r des P.ts et Ch.ées, delin.t
Lemaître, Graveur de l'Empereur, sc.

ÉTUDE SUR LES SIGNAUX DE CHEMINS DE FER À DOUBLE VOIE.

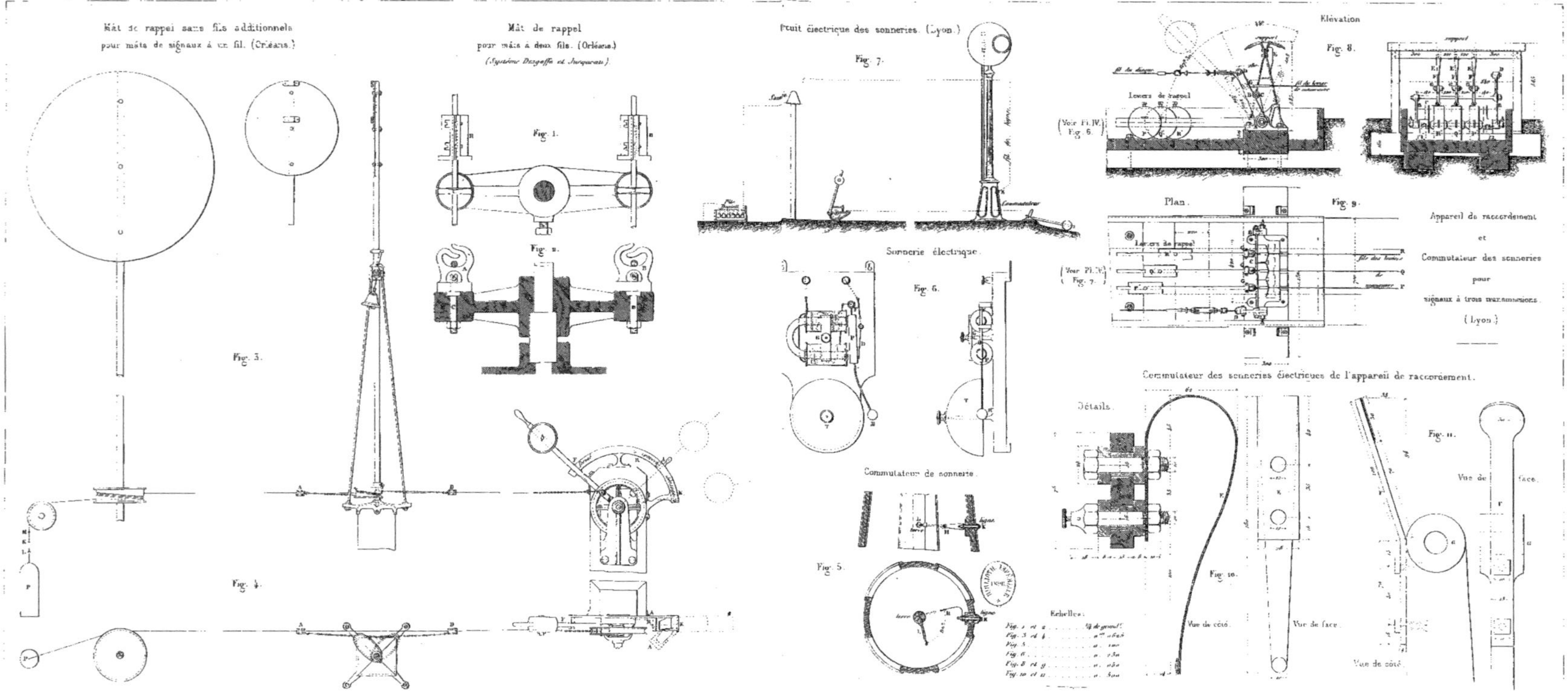

E. BRAME, Ingénieur des Ponts et Chaussées.

Pl. VII.

Mât de rappel sans fils additionnels pour mâts de signaux à un fil. (Orléans.)

Fig. 3.

Fig. 4.

Mât de rappel pour mâts à deux fils. (Orléans.) (Système Dezaffe et Jacqueau.)

Fig. 1.

Fig. 2.

Poste électrique des sonneries. (Lyon.)

Fig. 7.

Sonnerie électrique.

Fig. 6.

Commutateur de sonnerie.

Fig. 5.

Élévation

Fig. 8.

Leviers de rappel

(Voir Pl. IV. Fig. 6.)

Plan.

Fig. 9.

Leviers de rappel

(Voir Pl. IV. Fig. 7.)

fils des leviers de sonneries

Appareil de raccordement et Commutateur des sonneries pour signaux à trois transmissions. (Lyon.)

Commutateur des sonneries électriques de l'appareil de raccordement.

Détails.

Fig. 10.

Vue de côté.

Vue de face.

Fig. 11.

Vue de face.

Vue de côté.

Échelles :

Fig. 1 et 2	¼ de grandr.
Fig. 3 et 4	au 1/250
Fig. 5	au 1/100
Fig. 6	au 1/50
Fig. 8 et 9	au 1/50
Fig. 10 et 11	au 1/500

BIBLIOTH. NATIONALE 1896

C. Beffara, Cond. des Ponts et Chaussées delin.

Lemaître Graveur de l'Empereur, sc.

E. BRAME, Ingénieur des Ponts et Chaussées.

ÉTUDE SUR LES SIGNAUX DE CHEMINS DE FER À DOUBLE VOIE.

Pl. VIII.

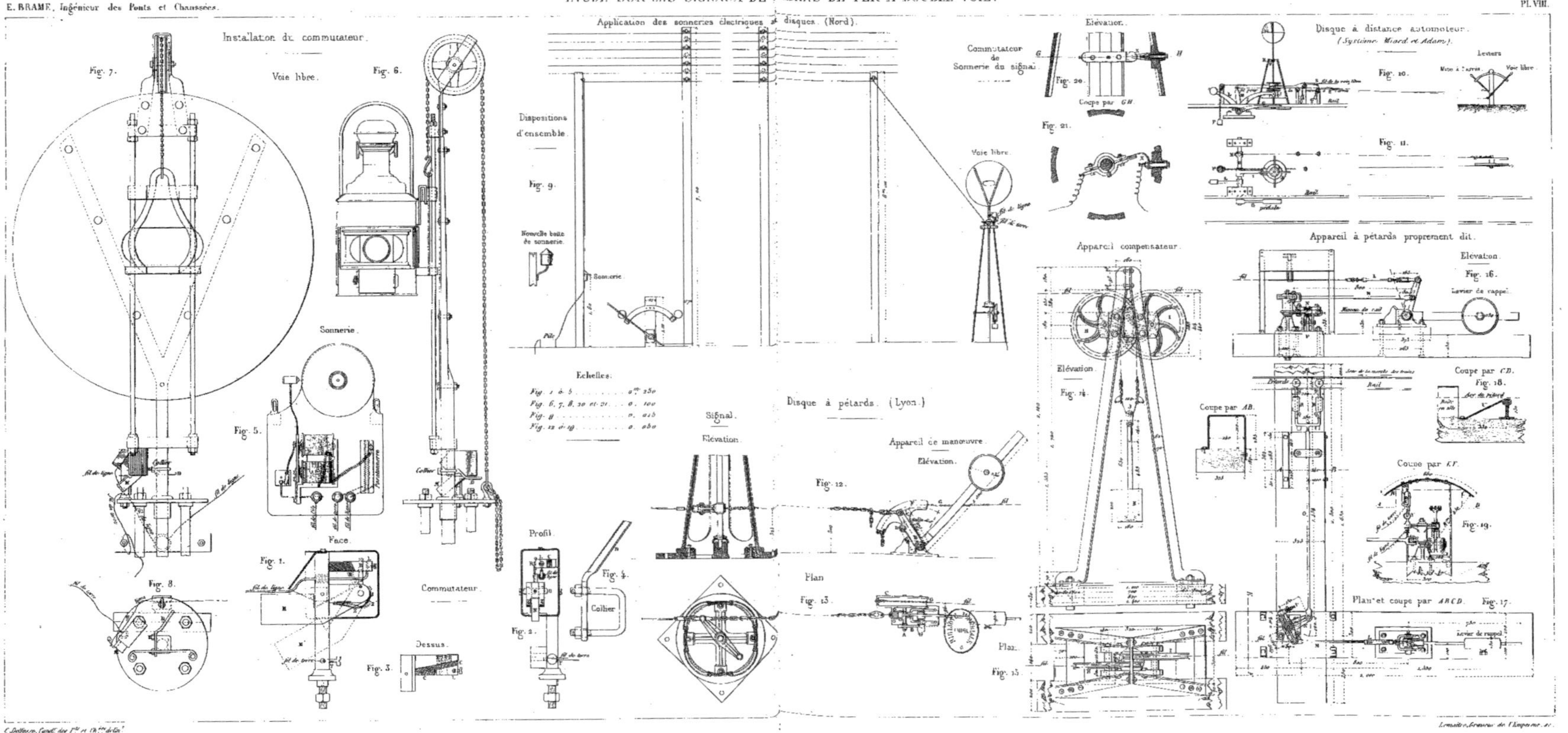

C. Deffaux, Cond. des Ponts et Ch. dess.

Lemaître, Graveur de l'Empereur, sc.

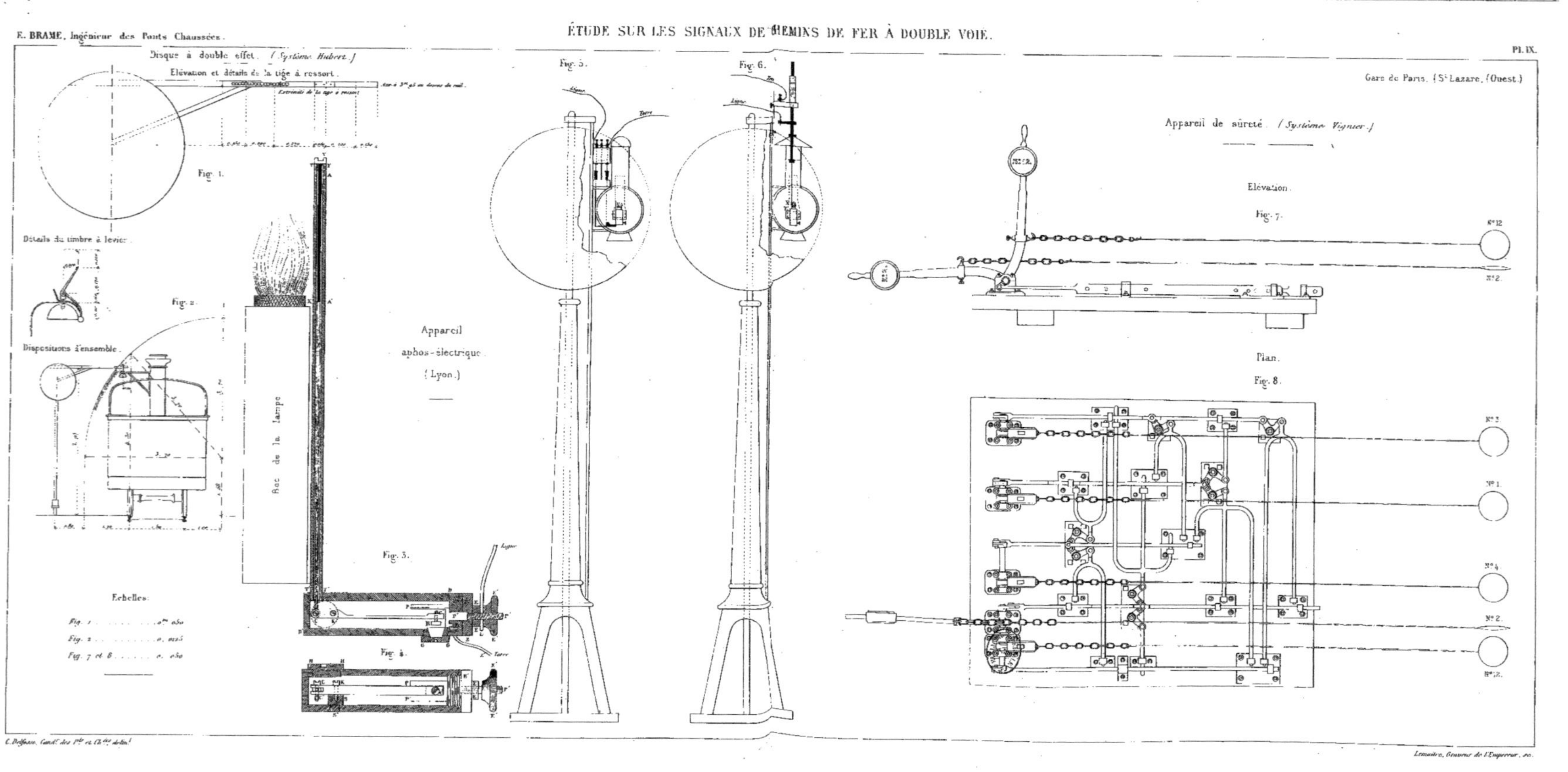
E. BRAME, Ingénieur des Ponts Chaussées.
ÉTUDE SUR LES SIGNAUX DE CHEMINS DE FER À DOUBLE VOIE.
Pl. IX.
Disque à double effet. (Système Hubert.)
Élévation et détails de la tige à ressort.
Fig. 1.
Détails du timbre à levier.
Fig. 2.
Dispositions d'ensemble.
Bec de la lampe
Appareil
aphos-électrique
(Lyon.)
Fig. 3.
Fig. 4.
Fig. 5.
Fig. 6.
Echelles.
Gare de Paris. (St Lazare. (Ouest.)
Appareil de sûreté. (Système Vignier.)
Élévation.
Fig. 7.
Plan.
Fig. 8.
Nº 12
Nº 2
Nº 3
Nº 1
Nº 4
C. Delfosse, Cond. des Ptr et Ch. dessin.
Lemaitre, Graveur de l'Empereur, sc.

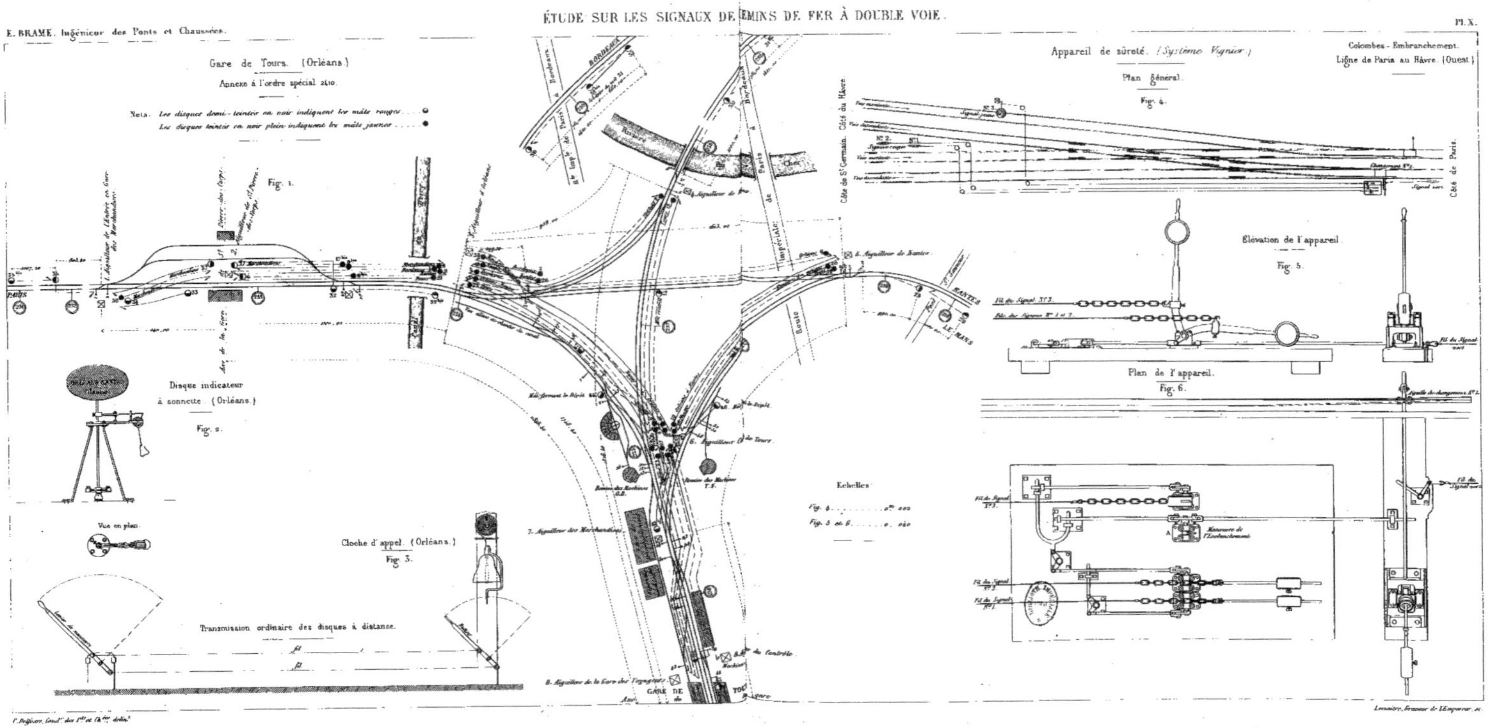
ÉTUDE SUR LES SIGNAUX DE [C]HEMINS DE FER À DOUBLE VOIE.
E. BRAME. Ingénieur des Ponts et Chaussées.
Pl. X.
Gare de Tours. (Orléans.)
Annexe à l'ordre spécial 2410.
Nota. Les disques demi-teintés en noir indiquent les mâts rouges
Les disques teintés en noir plein indiquent les mâts jaunes
Fig. 1.
Disque indicateur à sonnette. (Orléans.)
Fig. 2.
Vue en plan.
Cloche d'appel. (Orléans.)
Fig. 3.
Transmission ordinaire des disques à distance.
Appareil de sûreté. (Système Vignier.)
Plan général.
Fig. 4.
Colombes-Embranchement.
Ligne de Paris au Hâvre. (Ouest.)
Côté de St Germain. Côté du Hâvre.
Côté de Paris.
Élévation de l'appareil.
Fig. 5.
Plan de l'appareil.
Fig. 6.
Echelles
Fig. 4 .... 0m 002
Fig. 5 et 6 .... 0, 040
Route Impériale de Paris à Bordeaux
Bordeaux
Paris
Nantes
Le Mans
Canal
C. Delfosse, Cond.r des P.ts et Ch.ées, delin.t
Lemaître, Graveur de l'Empereur, sc.

ÉTUDE SUR LES SIGNAUX DE CHEMINS DE FER À DOUBLE VOIE.

SAINT-CYR (Embranchement et Gare (Ouest).

Fig. 1.

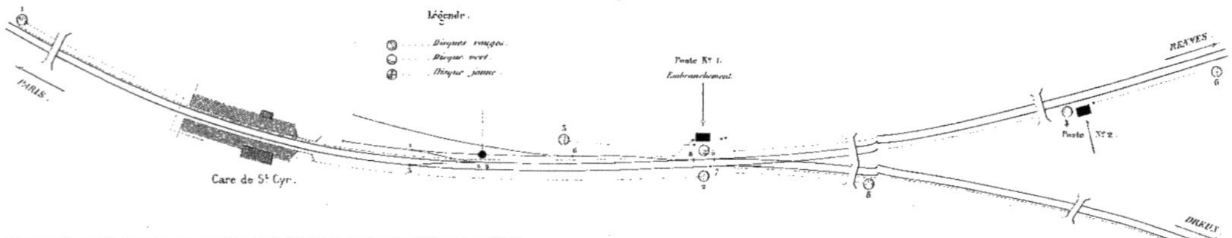

L'Aiguille N° 5 est reliée, au moyen d'un enclenchement, au Signal N° 4 de telle sorte qu'il faut que ce Signal soit tourné à l'arrêt pour qu'un train ou une machine puisse être dirigé sur la voie descendante de Dreux.

Bifurcation à double voie. (Midi.)

Conjugaison des aiguilles et des disques.

Fig. 4.

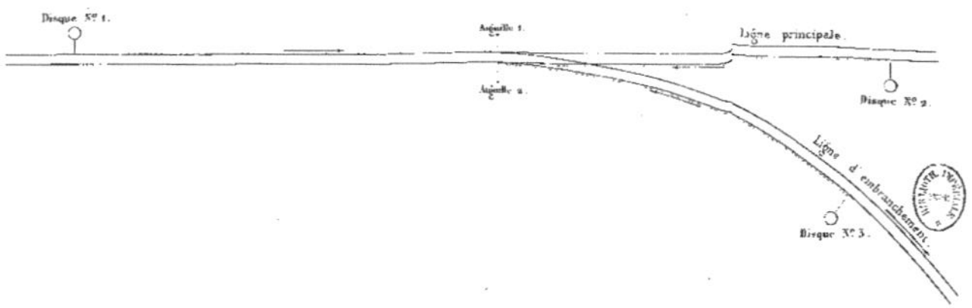

BIBLIOTHÈQUE IMPÉRIALE

Echelle:

Fig. 2 et 3 . . . . . . 0m 025

Signal à potence pour embranchement. (Ouest).

Élévation.

Fig. 2.

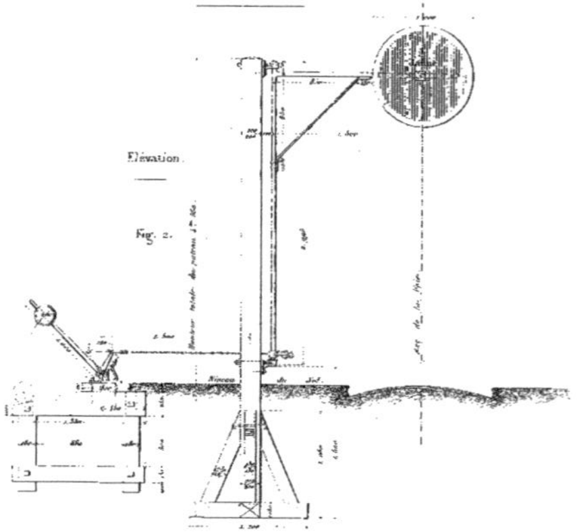

Plan.

Fig. 3.

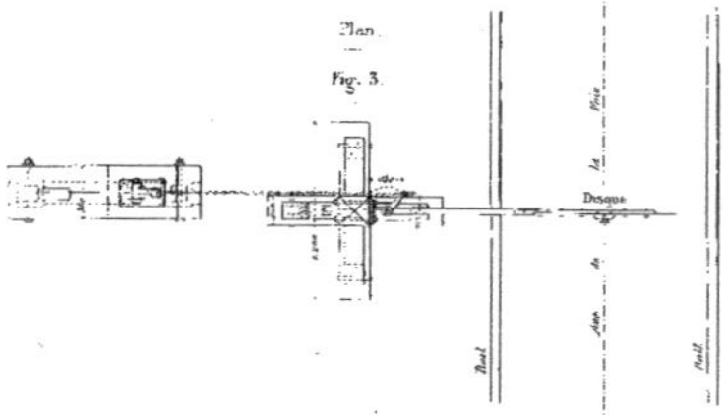

C. Deffaux, Cond. des Pts et Chées delin.

Lemaitre, Graveur de l'Empereur, sc.

ÉTUDE SUR LES SIGNAUX DE CHEMINS DE FER À DOUBLE VOIE.

E. BRAME, Ingénieur des Ponts et Chaussées. PL. XII.

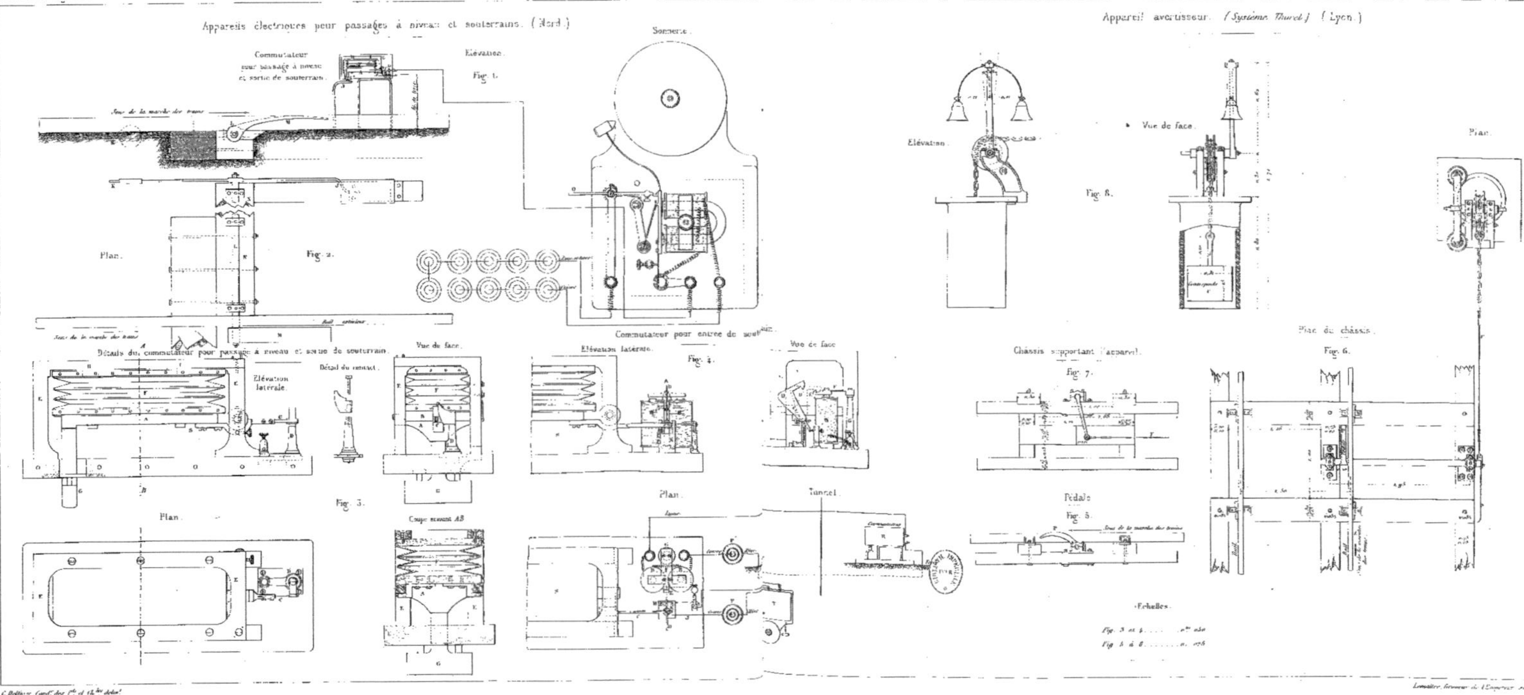

C. Boffinet, Cond^r des P^ts et Ch^ss delin^t

Lemaître, Graveur de l'Empereur, sc.

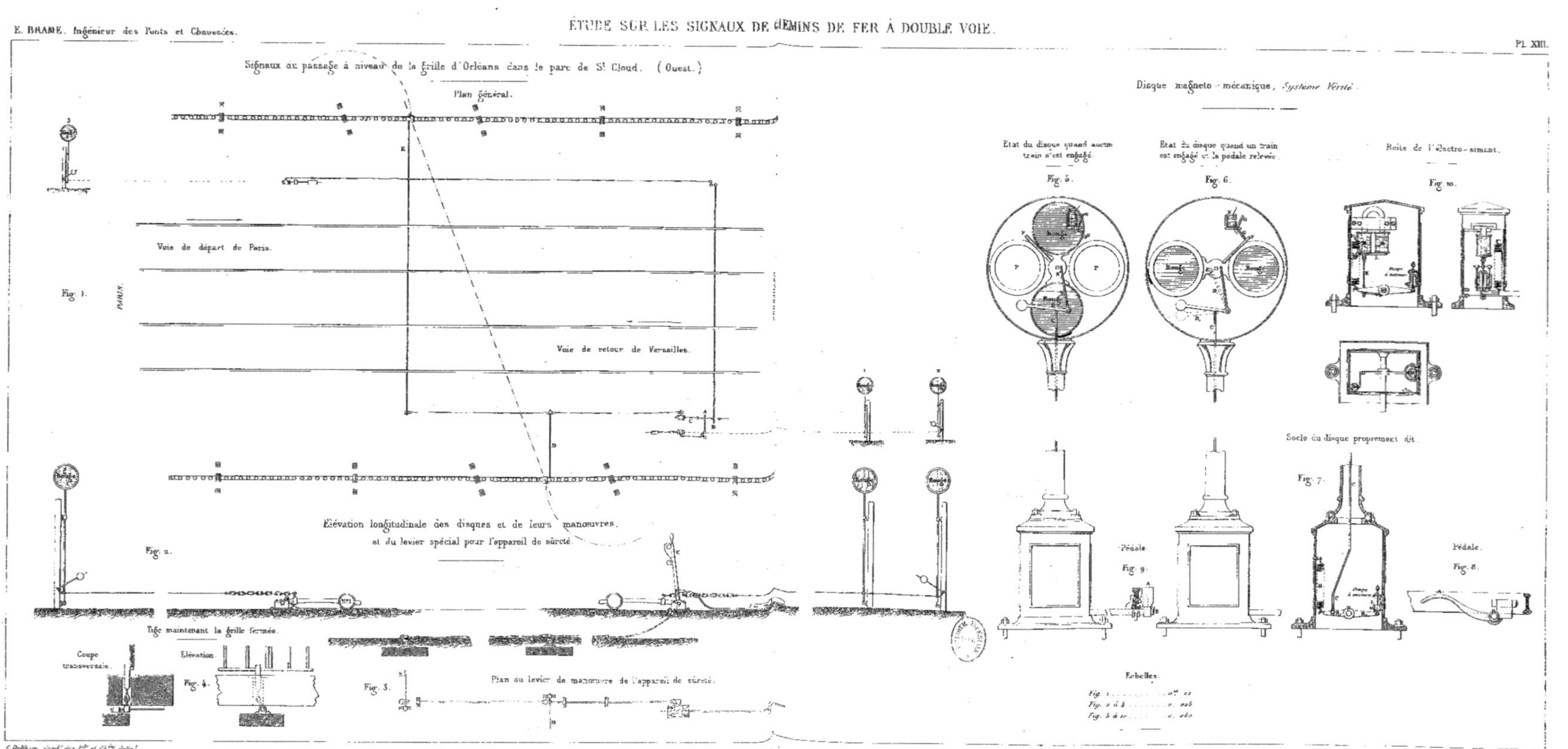
E. BRAME. Ingénieur des Ponts et Chaussées.
ÉTUDE SUR LES SIGNAUX DE CHEMINS DE FER À DOUBLE VOIE.
Pl. XIII.
Signaux au passage à niveau de la grille d'Orléans dans le parc de St Cloud. (Ouest.)
Plan général.
Fig. 1.
PARIS.
Voie de départ de Paris.
Voie de retour de Versailles.
Élévation longitudinale des disques et de leurs manœuvres, et du levier spécial pour l'appareil de sûreté.
Fig. 2.
Tige maintenant la grille fermée.
Coupe transversale.
Élévation.
Fig. 4.
Fig. 3.
Plan du levier de manœuvre de l'appareil de sûreté.
Disque magneto-mécanique, Système Vérité.
Etat du disque quand aucun train n'est engagé.
Fig. 5.
Etat du disque quand un train est engagé et la pédale relevée.
Fig. 6.
Boite de l'électro-aimant.
Fig. 10.
Rouge
Socle du disque proprement dit.
Fig. 7.
Pédale.
Fig. 9.
Pédale.
Fig. 8.
Echelles.
C. Delfour, cond. des Pts et Chées delin.
Lemaitre Graveur de l'Empereur, sc.

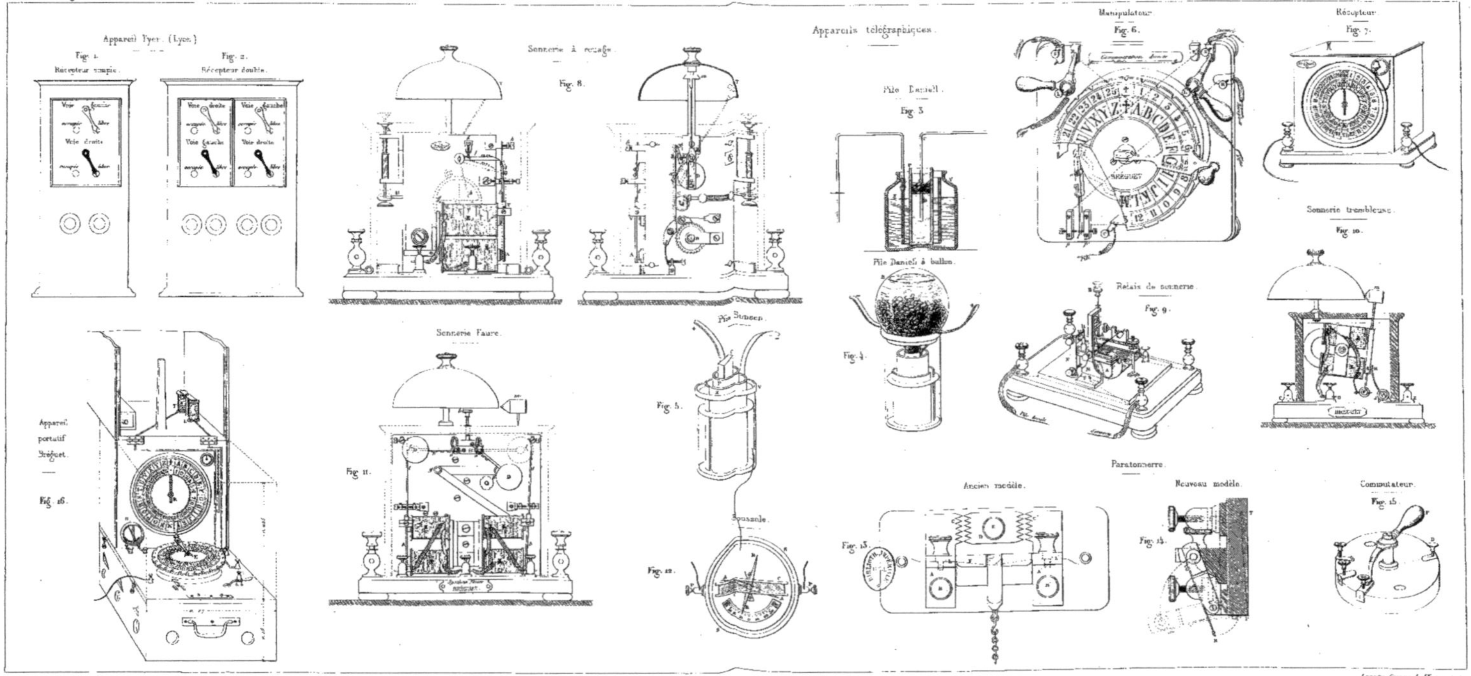

E. BRAME, Ingénieur des Ponts et Chaussées.

ETUDE SUR LES SIGNAUX DE CHEMINS DE FER À DOUBLE VOIE.

Pl. XIV.

Appareil Tyer. (Lyon.)

Fig. 1. Récepteur simple.

Fig. 2. Récepteur double.

Voie gauche — occupée — libre

Voie droite — occupée — libre

Sonnerie à rouage. Fig. 8.

Appareils télégraphiques.

Pile Daniell. Fig. 3.

Pile Daniell à ballon. Fig. 4.

Manipulateur. Fig. 6.

Récepteur. Fig. 7.

Sonnerie trembleuse. Fig. 10.

Relais de sonnerie. Fig. 9.

Appareil portatif Bréguet. Fig. 16.

Sonnerie Faure. Fig. 11.

Pile Bunsen. Fig. 5.

Boussole. Fig. 12.

Paratonnerre.

Ancien modèle. Fig. 13.

Nouveau modèle. Fig. 14.

Commutateur. Fig. 15.

C. Boffinton, Cond. des P.ts et Ch.ées del.t

Lemaître, Graveur de l'Empereur sc.

Appareil alphabétique d'Arlincourt.

Élévation. Fig. 1.

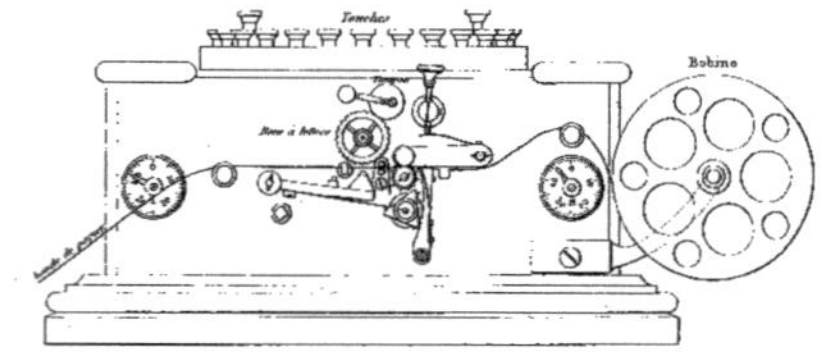

Touches

Roue à lettres

Bobine

Plan. Fig. 2.

Boite en bois.

Bobine à bande de papier

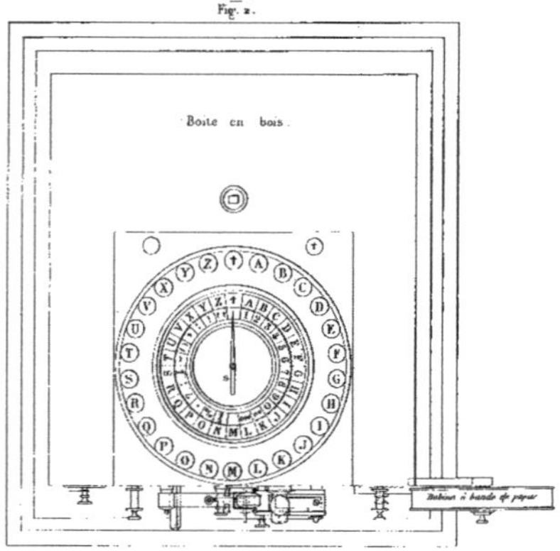

Coupe verticale. Fig. 3.

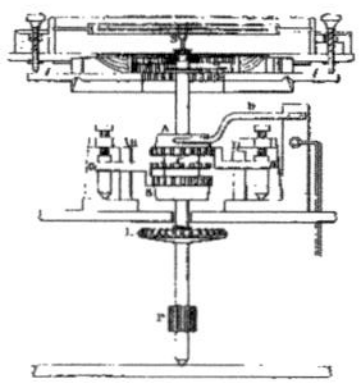

Coupe horizontale. Fig. 4.

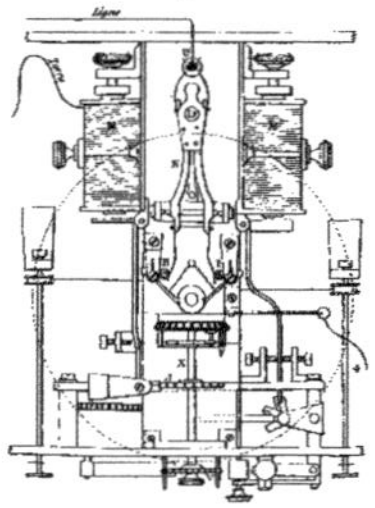

Sonnerie à embrayage électrique Système Achard. (Est.)

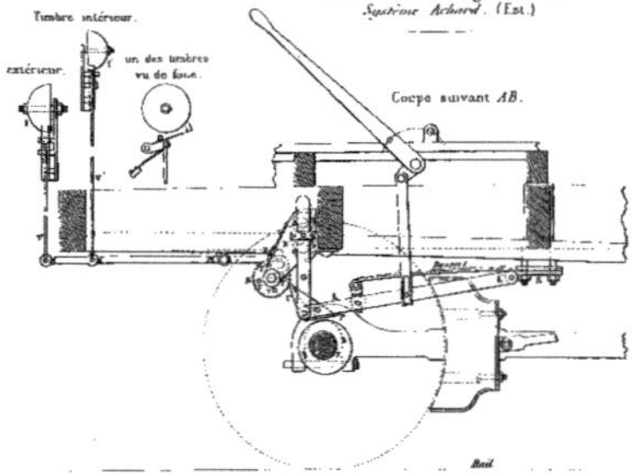

Timbre intérieur.

Timbre extérieur.

un des timbres vu de face.

Coupe suivant AB.

Fig. 5.

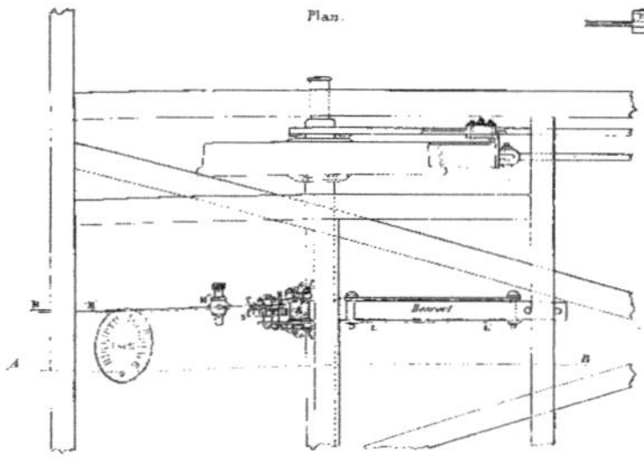

Mâchoires d'attelage pour les fils mobiles

Élévation.

Plan.

Fig. 7.

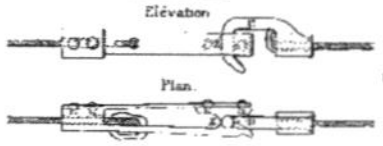

Fig. 6.

Plan.

Échelles:

Fig. 5 et 6 .... de grandeur

Fig. 7 .... id.

C. Beljeance, Cond. des P. et Ch. delin.

Lemaitre, Graveur de l'Empereur, sc.

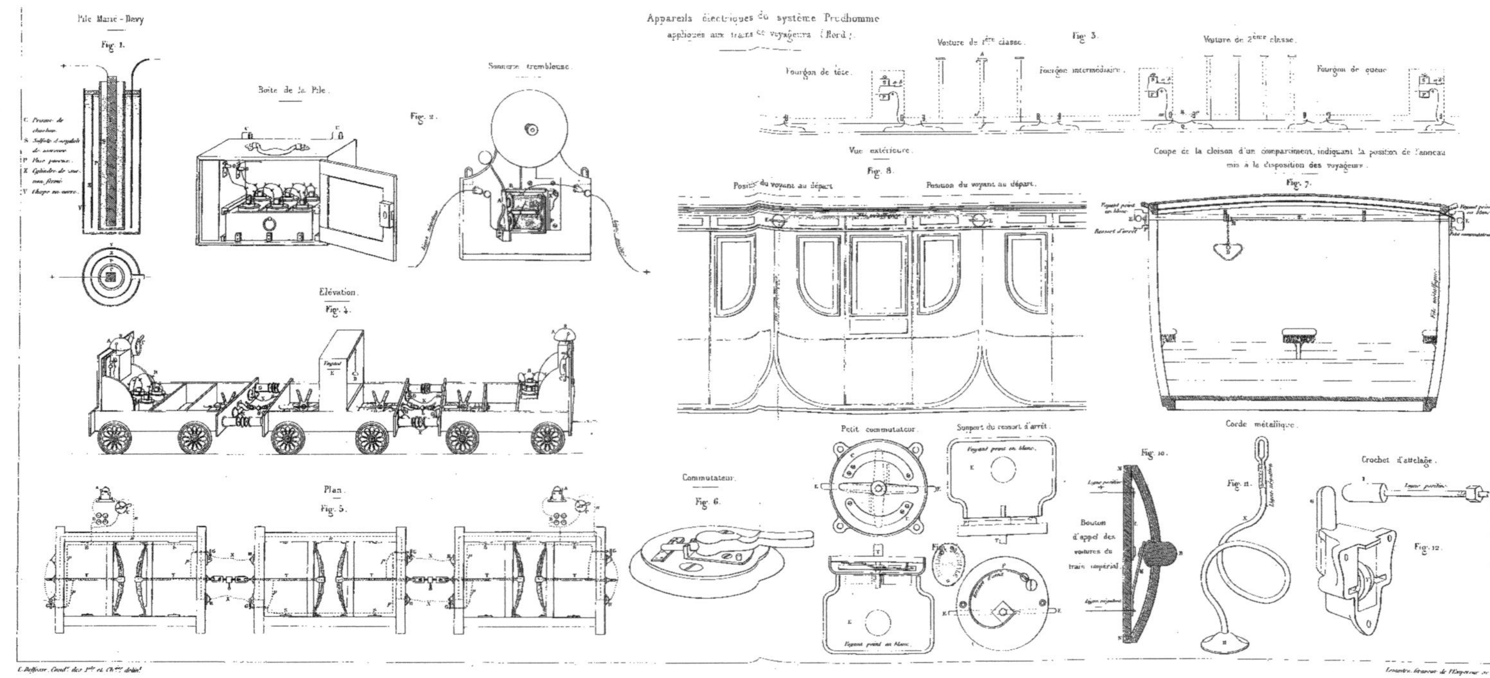
E. BRAME, Ingénieur des Ponts et Chaussées.
ÉTUDE SUR LES SIGNAUX DE CHEMINS DE FER À DOUBLE VOIE.
PL.XVI.
Pile Marié-Davy
Fig. 1.
Boîte de la Pile.
Fig. 2.
Sonnerie trembleuse.
Appareils électriques du système Prudhomme
appliqués aux trains de voyageurs (Nord).
Fig. 3.
Fourgon de tête.
Voiture de 1ère classe.
Fourgon intermédiaire.
Voiture de 2ème classe.
Fourgon de queue.
Vue extérieure.
Fig. 8.
Position du voyant au départ.
Coupe de la cloison d'un compartiment, indiquant la position de l'anneau mis à la disposition des voyageurs.
Fig. 7.
Élévation.
Fig. 4.
Plan.
Fig. 5.
Commutateur.
Fig. 6.
Petit commutateur.
Support du ressort d'arrêt.
Corde métallique.
Fig. 10.
Bouton d'appel des voitures du train impérial.
Fig. 11.
Crochet d'attelage.
Fig. 12.

E. BRAME, Ingénieur des Ponts et Chaussées.

ÉTUDE SUR LES SIGNAUX DE CHEMINS DE FER À DOUBLE VOIE.

PL. XVII.

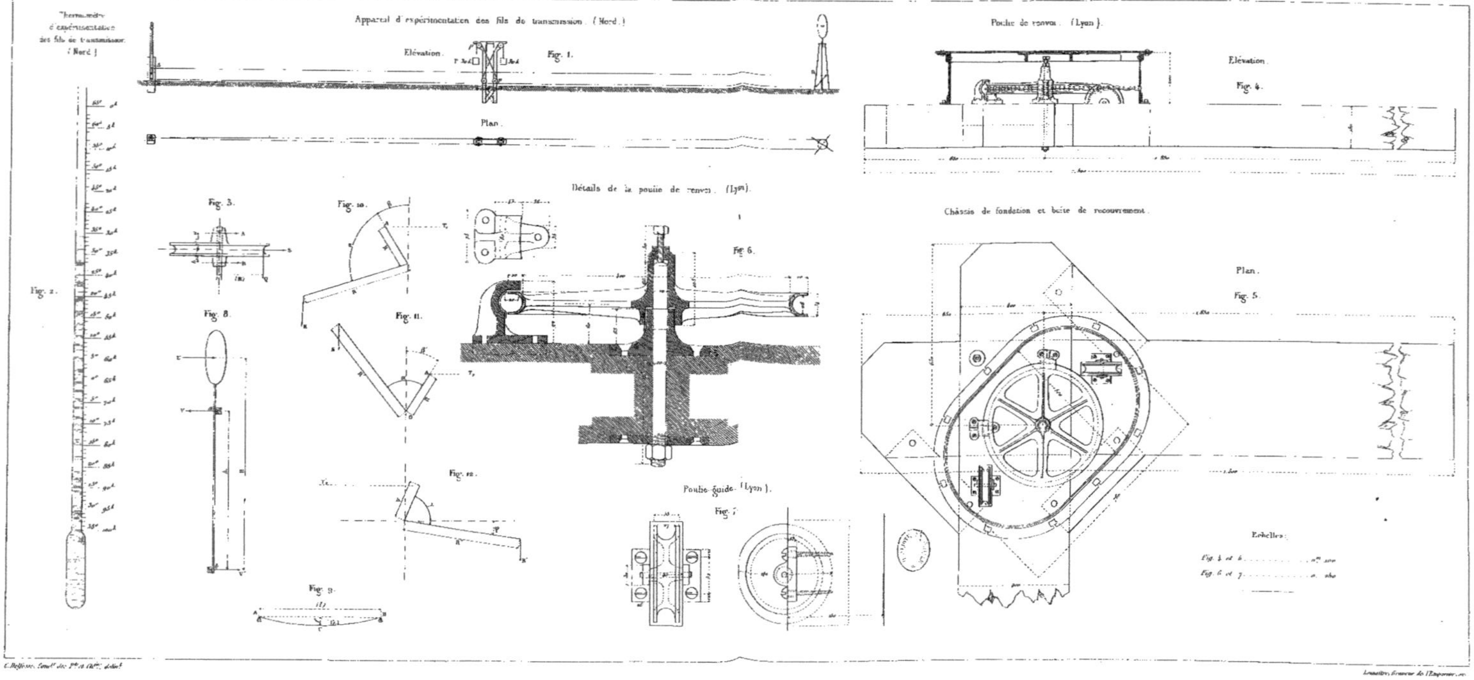
Thermomètre d'expérimentation des fils de transmission (Nord)
Fig. 2.
Appareil d'expérimentation des fils de transmission. (Nord.)
Élévation.
Fig. 1.
Plan.
Poulie de renvoi. (Lyon).
Élévation.
Fig. 4.
Détails de la poulie de renvoi. (Lyon).
Fig. 3.
Fig. 10.
Fig. 6.
Fig. 8.
Fig. 11.
Fig. 12.
Fig. 9.
Poulie-guide. (Lyon).
Fig. 7.
Châssis de fondation et boîte de recouvrement.
Plan.
Fig. 5.
Echelles:

C. Delfosse, Cond.r des P.ts et Ch.ées, delin.

Lemaître, Graveur de l'Empereur, sc.

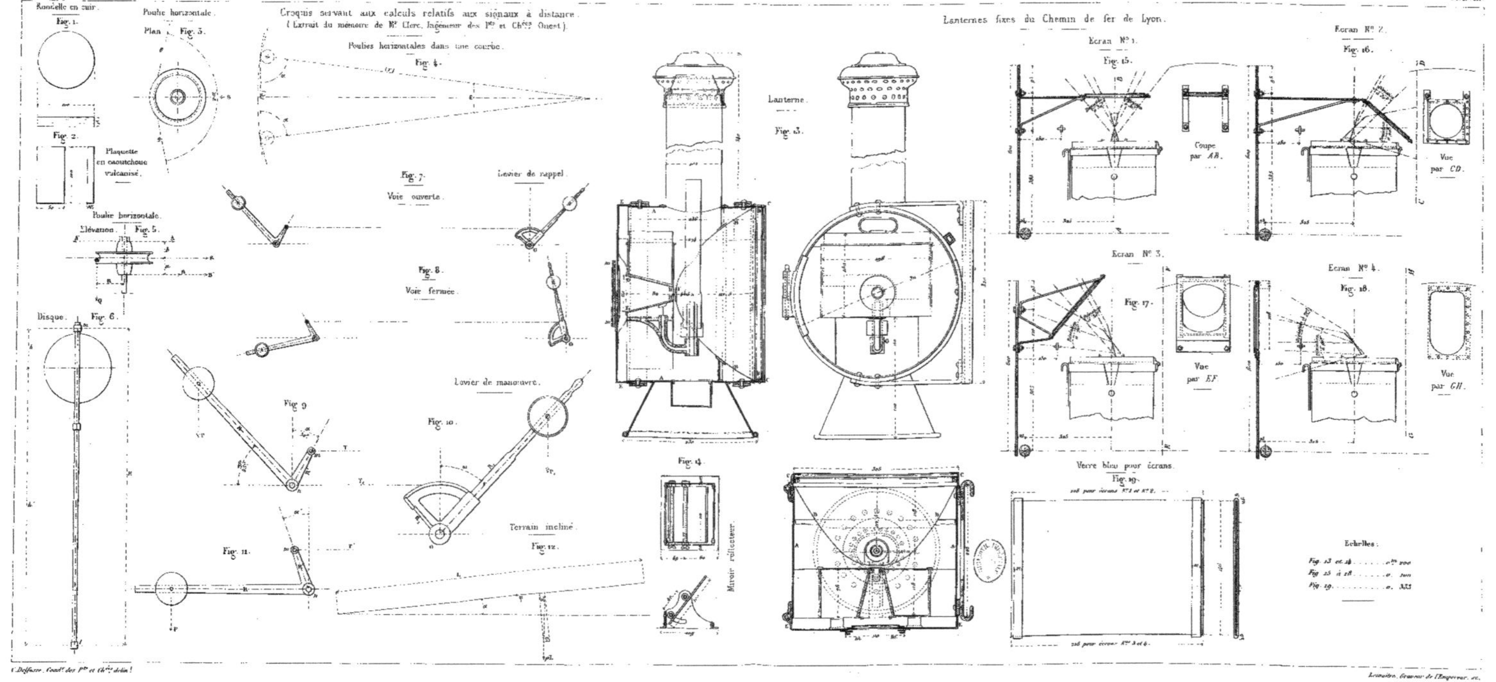
E. BRAME, Ingénieur des Ponts et Chaussées.
ÉTUDE SUR LES SIGNAUX DE CHEMINS DE FER À DOUBLE VOIE.
Pl. XVIII.
Rondelle en cuir.
Fig. 1.
Fig. 2.
Plaquette en caoutchouc vulcanisé.
Poulie horizontale.
Plan. Fig. 3.
Poulie horizontale.
Élévation. Fig. 5.
Disque. Fig. 6.
Croquis servant aux calculs relatifs aux signaux à distance.
(Extrait du mémoire de Mr Clerc, Ingénieur des Pts et Chées Ouest).
Poulies horizontales dans une courbe.
Fig. 4.
Fig. 7.
Voie ouverte.
Levier de rappel.
Fig. 8.
Voie fermée.
Levier de manœuvre.
Fig. 9
Fig. 10.
Fig. 11.
Terrain incliné.
Fig. 12.
Lanterne.
Fig. 13.
Fig. 14.
Miroir réflecteur.
Lanternes fixes du Chemin de fer de Lyon.
Ecran No 1.
Fig. 15.
Coupe par AB.
Ecran No 2.
Fig. 16.
Vue par CD.
Ecran No 3.
Fig. 17.
Vue par EF.
Ecran No 4.
Fig. 18.
Vue par GH.
Verre bleu pour écrans.
Fig. 19.
Echelles:
C. Dufaure, Condr des Pts et Chées delint
Lemaître, Graveur de l'Empereur, sc.

BIBLIOTHEQUE NATIONALE DE FRANCE

www.ingramcontent.com/pod-product-compliance
Ingram Content Group UK Ltd.
Pitfield, Milton Keynes, MK11 3LW, UK
UKHW020423230726
13925UKWH00004B/1578

9 782013 482998